建筑工人施工现场安全操作

JIANZHU GONGREN SHIGONG XIANCHANG ANQUAN CAOZUO

基本知识读本

JIBEN ZHISHI DUBEN

范家茂　主编

U0188729

中国建材工业出版社

图书在版编目（CIP）数据

建筑工人施工现场安全操作基本知识读本 ／ 范家茂
主编 . -- 北京：中国建材工业出版社，2019.4（2021.7重印）
ISBN 978-7-5160-2527-7

Ⅰ . ①建… Ⅱ . ①范… Ⅲ . ①建筑工程－安全生产
Ⅳ . ① TU714

中国版本图书馆 CIP 数据核字（2019）第 057401 号

建筑工人施工现场安全操作基本知识读本
Jianzhu Gongren Shigong Xianchang Anquan Caozuo Jiben Zhishi Duben
范家茂　主编

出版发行：中国建材工业出版社
地　　址：北京市海淀区三里河路 1 号
邮政编码：100044
经　　销：全国各地新华书店
印　　刷：北京雁林吉兆印刷有限公司
开　　本：787mm×1092mm　1/32
印　　张：3
字　　数：80 千字
版　　次：2019 年 4 月第 1 版
印　　次：2021 年 7 月第 5 次
定　　价：16.00 元

本社网址：**www.jccbs.com**，微信公众号：**zgjcgycbs**
请选用正版图书，采购、销售盗版图书属违法行为
版权专有，盗版必究。本社法律顾问：北京天驰君泰律师事务所，张杰律师
举报信箱：**zhangjie@tiantailaw.com**　举报电话：（010）68343948
本书如有印装质量问题，由我社市场营销部负责调换，联系电话：（010）88386906

本书编写人员

审查人员： 范家茂（合肥职业技术学院）

朱海生（合肥建工集团有限公司）

黄　健（合肥建工集团有限公司）

编写人员： 王丽娟（合肥职业技术学院）

朱纪泽（合肥建工集团有限公司）

方鲁兵（合肥职业技术学院）

李淑芳（合肥职业技术学院）

沈子高（合肥职业技术学院）

彭雪雨（合肥建工集团有限公司）

王俊伟（合肥建工集团有限公司）

前　言

　　建筑业是目前我国重要且具有较高危险性的产业之一，根据住房城乡建设部《关于印发建筑业农民工技能培训示范工程实施意见的通知》（建人〔2008〕109号）、住房城乡建设部《关于加强建筑工人职业培训工作的指导意见》（建人〔2015〕43号）、住房城乡建设部办公厅《关于建筑工人职业培训合格证有关事项的通知》（建办人〔2015〕34号）等相关文件要求，须加强建筑工人安全操作技能水平，确保工程质量和安全生产。

　　为更好地贯彻落实国家及行业主管部门相关文件精神和要求，进一步提高建筑从业人员安全意识和自我保护能力，根据住房城乡建设部就加强建筑工人职业培训工作提出的"到2020年，实现全行业建筑工人全员培训、持证上岗"等相关规定，防控施工过程安全事故的发生，全面做好建筑工人安全操作技能培训，特组织建设行业专家学者、施工现场一线工程技术人员及具有丰富施工实操经验的工人等，编写本书。

　　本书是根据建筑工程现场施工操作安全要求，结合各工种安全操作技能特点和施工现场管理要求及消防等规定编制，内容共包括四部分：第一部分为建筑工人施工安全基本知识；第二部分为建筑工人安全操作基本知识；第三部分为建筑工人常用安全标志；第四部分为安全生产法律法规节选。本书内容全面具体、针对性强、图文并茂、形象易懂、携带方便，是施工现场相关工种作业人员及安全管理人员安全操作的良师益友。

本书在编写过程中引用了大量的国家法律法规、规程、专业资料，在本书中没有一一标注出处，在此对相关作者深表谢意，并对所有支持和帮助本书编写人员表示诚挚的谢意。

由于时间限制和编者水平有限，本书难免有疏漏之处，欢迎广大读者批评指正，以便修订。

编　者
2019 年 4 月

目 录
CONTENTS

第一部分

建筑工人施工安全基本知识

一 建筑从业人员的法定权利与义务

进入施工现场您将有哪些权利和义务？

1. 有获得签订劳动合同、享有工伤保险的权利；也有履行劳动合同、反思事故教训和提高安全意识的义务。

2. 有接受安全生产教育培训的权利；也有掌握本职工作所必需的安全知识和技能的义务。

3. 有获得国家规定的劳动防护用品的权利；也有正确佩戴和使用劳动防护用品的义务。

4. 有了解施工现场及工作岗位存在的危险因素、防范措施及施工应急措施的权利；也有相互关心、帮助他人了解安全生产状况的义务。

5. 有安全生产的建议权和及时撤离危险场所的权利；也有听从他人合理建议和服从现场统一指挥的义务。

6. 有对违章指挥和强令冒险作业的拒绝权；也有遵章守纪、不违章作业、服从正确管理的义务。

7. 有对安全生产工作提出批评、检举、控告的权利；也有接受管理人员及相关部门真诚批评、善意劝告、合理处分的义务。

8. 在施工中发生危及人身安全的紧急情况时，有权立即停止作业或者在采取必要的应急措施后撤离危险区域；也有及时向本单位或项目部安全生产管理人员或主要负责人报告的义务。

9. 发生事故时，有获得及时救治、工伤保险的权利；也有反思事故教训、提高安全意识的义务。

二 建筑工人施工现场安全基本常识

1. 施工作业人员进入施工现场必须戴好安全帽，系好下颌带，穿好工作服。特殊工种持证上岗，特殊作业配戴相应的劳动安全防护用品。

2. 施工作业人员在进入施工现场前必须进行三级安全教育。

3. 施工作业人员在进行施工作业前，必须接受工程技术人员书面的安全技术交底。

4.施工作业人员在接受安全技术交底后,必须在交底书的被交底人处签名。

5.现场通行应按指定的安全通道行走,不得在工作区域或建筑物内抄近路或攀爬跨越"禁止通行"的区域。

6. 严禁酒后上岗。

7. 施工现场严禁随意吸烟。

8. 严禁擅自拆除安全防护设施。

没经过批准这东西可不能搬走！

9. 施工现场严禁焚烧各种垃圾、废料。

10. 安全"三宝"是指安全帽、安全带、安全网。

安 全 帽

进入施工现场必须戴好安全帽，并系紧下颌带。

安 全 带

在 2m 以上（含 2m）有可能坠落的高处作业，必须系好安全带。安全带应高挂低用。

安 全 网

安全网应按规范架设牢固，拼接严密。施工人员不得擅自拆除、损毁安全网，并不得向安全网上堆放施工材料和杂物。

11．"四口"是指楼梯口、电梯井口、预留洞口、通道口，是施工现场安全防护的重点，必须有可靠的防护设施。

楼 梯 口

电梯井口

预留洞口

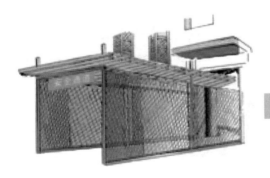

通　道　口

12. 施工现场五大伤害

建筑行业是伤亡事故多发行业，其中高处坠落、物体打击、触电、坍塌、机械伤害（起重伤害）统称为建筑施工现场五大伤害，占事故总数的 85%，施工过程中必须高度注意。

高处坠落

物体打击

触电

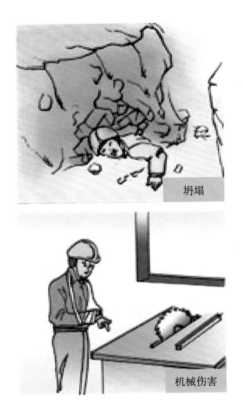

坦塌

机械伤害

班组长及工人安全责任

1. 班组长安全责任。

（1）负责班组的安全生产，对本班组所发生的伤亡事故负直接责任。

（2）遵守本工种安全技术操作规程和有关安全生产制度、规定，根据班组人员的技术、体力、思想等情况，合理安排工作，做好安全交底，开好班前班后的安全会。

（3）组织好每周一次的安全活动日，安全活动要有重点、有内容、有记录，参加人员要有签字，并定时进行安全评比。

（4）服从安全员的检查，听从指挥，接受改进措施，做好上下班的交接工作和自检工作。

（5）对新调入的工人要进行班组一级的安全教育，并使其熟悉施工现场的工作环境，要求必须在师傅带领下工作，不准单独作业。

（6）组织本班组职工学习安全技术操作规程和上级部门颁布的安全管理制度，教育本班人员不得违章作业，不得擅自动用施工现场的水、电、风、汽机阀门和开关，不得随意拆除安全防护设施。

（7）经常检查所施工范围内的安全生产情况，发现隐患及时处理，不能解决的要及时上报。

（8）有权拒绝违章指挥，随时制止班组人员的违章作业行为。

（9）发生事故应立即组织抢救，保护事故现场，做好详细记录，并立即报告上级。事故调查组在调查事故情况时，应如实反映事故经过和原因，不得隐瞒和虚报。

2. 工人安全责任。

（1）认真执行安全生产"三大纪律"，即：进入施工现场必须戴好安全帽；高空作业必须系好安全带；正确使用劳动防护用品。

（2）认真执行安全生产"八项注意"，即：无安全措施不操作；无安全交底不操作；无安全自检不操作；危险问题不解决不操作；机械、电气无防护装置，压力罐、电气焊等无防爆装置不操作；不懂安全知识不操作；吸烟入室，生火登记；互相监督，高级工负责。

（3）积极参加安全生产活动，遵守安全生产规章制度。

（4）树立"安全第一"的思想，认真执行安全技术操作规程，有权拒绝违章指挥。不违章作业、不违反劳动纪律，真正做到"三不伤害"。

（5）做好作业前安全检查，发现隐患立即排除或上报处理。

（6）听从领导或安全人员的指导，正确使用劳保用品用具。主动提出改进安全工作的意见。

（7）特种作业人员必须持证操作，新工人经"三级安全教育"后方可上岗作业。

（8）坚持安全生产、文明施工。

（9）维护好机具设备和各种安全防护装置。

（10）发生工伤事故，应立即保护现场，积极抢救。

四 安全生产宣传语

1. 一人把关一处安，众人把关稳如山。

2. 安全知识要知道，劳保用品要戴好；上班工作多留神，平平安安最开心。

3. 把握安全，拥有明天。

4. 安全警钟日日鸣，平安大道天天行。

5. 安全一万天，事故一瞬间。

6. 幸福是棵树，安全是沃土。

7. 打工在外不容易，安全首先放第一。

8. 安全第一心中记，为己为家为亲人。

9. 安全生产牢牢记，生命不能当儿戏。

10. 安全万事兴，麻痹人财空。

11. 安全意识"得过且过"；危险隐患"得寸进尺"。

12. 提高安全意识，建设文明工地。

13. 领导检查是关爱，认真对待去整改。

14. 施工安全靠你我，幸福连着大家伙。

15. 人人讲安全，安全为人人。

16. 安全在你脚下，安全在你手中。安全伴着幸福，安全创造财富。

17. 安全在身，家人放心。安全疏忽，苦难缠身。

18. 安全出于警惕，事故出于麻痹。

19. 严是爱、松是害，发生事故坑三代。

20. 千忙万忙，出了事故白忙；千苦万苦，受伤害者最苦。

21. 生命只有一次，没有下不为例。

22. 安全帽必须戴，防止坠物掉下来。安全带是个宝，高空保险不能少。

23. 安全第一，预防为主。生命宝贵，安全第一。

24. 安全帽是护身宝，上班之前要戴好。

第二部分

建筑工人安全操作基本知识

一 钢筋工安全操作基本知识 ⭐⭐⭐

1. 钢材、半成品等应按规格、品种分别堆放整齐，制作场地要平整，工作台要稳固，照明灯具必须加网罩。

2. 拉直钢筋，卡头要卡牢，地锚要结实牢固，拉筋 2m 区域内禁止行人。按调直钢筋的直径，选用适当的调直块及传动速度，经调试合格，方可送料，送料前应将不直的料头切去。

3. 展开圆盘钢筋要一头卡牢，防止回弹，切断时要先用脚踩紧。

4. 人工断料，工具必须牢固。拿錾子和打锤要站成斜角，注意抢锤区域内的人和物体。

5. 多人合运钢筋，起、落、转、停动作要一致，人工上下传送不得在同一垂直线上。钢筋堆放要分散、稳当，防止塌落。

6. 在高处（2m 或 2m 以上）、深坑绑扎钢筋和安装骨架，

必须搭设脚手架或操作平台，临边应搭设防护栏杆。绑扎立柱、墙体钢筋，不准站在钢筋骨架上和攀登骨架上下。柱在 4m 以内，重量不大，可在地面或楼面上绑扎，整体柱在 4m 以上，应搭设工作台。柱

梁骨架应用临时支撑拉牢，以防倒塌。

7. 要做好"落手清"，禁止将钢筋放在脚手架上。

8. 绑扎基础钢筋时，应按施工设计规定，摆放钢筋支架或马凳，架起上层钢筋，不得任意减少支架或马凳的规格和直径，支架或马凳应与钢筋形成完整结构体系。

9. 绑扎高层建筑的圈梁、挑檐、外墙、柱边钢筋，应搭设外挂架或安全网。绑扎时挂好安全带。

10. 不得站在钢筋骨架上或上下攀登骨架；禁止插板悬空操作；柱梁骨架应用临时支撑拉牢，以防止倾倒。

11. 起吊钢筋骨架，下方禁止站人，必须待骨架降落到离地面 1m 以内方准靠近，就位支撑好方可摘钩。

12. 冷拉卷扬机前应设置防护挡板，没有挡板时，应使卷扬机与冷拉方向成 90°，并且应用封闭式导向滑轮。操作时要站在防护挡板后，冷拉场地不准站人和通行。

13. 冷拉钢筋要上好夹具，离开后再发开车信号。

14. 冷拉和张拉钢筋要严格按照规定应力和伸长率进行，不得随便变更。不论拉伸或放松钢筋都应缓慢均匀，发现油泵、千斤顶、销卡具有异常，应立即停止张拉。

15. 张拉钢筋，两端应设置防护挡板。钢筋张拉后要加以防护，禁止压重物或在上面行走。浇灌混凝土时，要防止振动器冲击预应力钢筋。

16. 张拉千斤顶支脚必须与构件对准，放置平正，测量拉伸长度、加楔和拧紧螺栓应先停止拉伸，并站在两侧操作，防止钢筋断裂，回弹伤人。

17. 同一构件有预应力和非预应力钢筋时，预应力钢筋应分二次张拉，第一次拉至控制应力的 70% ~ 80%，待非预应力钢筋绑好后再张拉到规定应力值。

18. 机械运转正常方准断料。断料时，手与刀口距离不得少于 15cm，活动刀片前进时禁止送料。

19. 切断钢筋刀口不得超过机械负载能力，切低合金钢等特种钢筋，要用高硬度刀件。

20. 切长钢筋应有专人扶住，操作时动作要一致，不得任意拖拉。切短钢筋须用套管或钳子夹料，不得用手直接送料。

21. 切断机旁应设放料台，机械运转中严禁用手直接清除刀口附近的断头和杂物。钢筋摆放范围，非操作人员不得停留。

22. 钢筋机械上不准堆放物件，以防机械震动落入机体。

23. 钢筋调直，钢筋装入压滚，手与滚筒应保持一定距离。

机器运转中不得调整滚筒。

24. 钢筋调直到末端时，人员必须躲开，以防甩开伤人。

25. 短于2m或直径大于9mm的钢筋调直，应低速加工。

26. 钢筋调直，钢筋要紧贴内挡板，注意放入插头的位置和回转方向，不得错开。

27. 弯曲长钢筋时，应有专人扶住，并站在钢筋弯曲方向的外面，互相配合，不得拖拉。

28. 调头弯曲，防止碰撞人和物，更换芯轴、加油和清理，须停机后进行。

29. 钢筋焊接，焊机应设在干燥的地方，平衡牢固，要有可靠的接地装置，导线绝缘良好，并在开关箱内装有防漏电保护的空气开关。

30. 拉直钢筋时，卡头要卡牢，地锚要结实牢固，拉筋沿线2m区域内禁止行人。人工绞磨拉直，不准用胸、肚接触推杠，并缓慢松解，不得一次松开。

31. 焊接操作时应戴防护眼镜和手套，并站在橡胶板或木板上。工作棚要用防火材料搭设，棚内严禁堆放易燃易爆物品，并备有灭火器材。

32. 对焊机接触器的接触点、电机，要定期检查修理，冷却水管保持畅通，不得漏水和超过规定温度。

33. 钢筋严禁碰、触、钩、压电源电线、电缆。

34. 每台钢筋设备应配备专用开关箱。

35. 维修、保养、更换、清洗机械设备时必须切断电源，悬挂警示牌或设专人看护。

36. 钢筋机械作业后必须拉闸切断电源，锁好开关箱。

喂！！把我锁好才能走人！

木工安全操作基本知识

1. 模板支撑不得使用腐朽、劈裂的材料。支撑要垂直，底

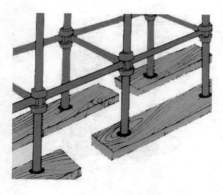

端平整坚实，并加以木垫。木垫要钉牢，并用横杆和剪刀撑拉牢，模板支撑严禁与脚手架相连接。禁止随意拆除脚手架连墙件。禁止将材料堆放在外架上。上下交叉作业要有防护措施。拆除的材料禁止集中堆放。夜间作业增设照明设施，禁止使用碘钨灯。模板支设后，经验收合格并留存影像资料后方能使用。

2. 支模应严格检查，发现严重变形、螺栓松动等应及时修复。

3. 支模时应按作业程序进行，模板未固定前，不得离开岗位或进行其他工作。

慢！固定完再走！

4. 支设 4m 以上的立柱模板，四周必须顶牢，操作时要搭设工作台，系安全带；支设不足 4m 的立柱模板，可使用马凳操作。

5. 支设独立梁模应设临时工作台，不得站在柱模上操作和在梁底模上行走。

6. 严禁在连接件及支撑件上攀登上下，严禁在上下同一垂直面上装、拆模板。

7. 支设临空构筑物模板时，应搭设支架或脚手板；模板上有预留洞时，应在安装后将洞盖好；拆模后形成的临边或洞口，应进行防护。

8. 锯木机操作前应进行检查，锯片不得有裂口，螺钉应上紧。锯盘要有防护罩、防护挡板等安全装置，无人操作时要切断电源。

9. 操作时要戴防护眼镜，站在锯片一侧。禁止站在与锯片同一直线上，手臂不得跨过锯片。

要查清楚了才能接电喔!

10. 进料时必须紧贴靠山，不得用力过猛，遇硬节慢推。接料要待料出锯片15cm，不得用手硬拉。

11. 短窄料应用棍推，接料使用挂钩。超过锯片半径的材料，禁止上锯。

12. 大模板堆放应设堆放区，必须成对、面对面存放，无地腿的模板要放入固定的堆放架里，防止碰撞或被大风刮倒。

固定好才不会倒，知道吗?

13. 暴风、台风前后，要检查工地模板、支撑。发现变形、下沉等现象，应及时修理加固，有严重危险的，立即排除。

14. 工具使用前，应经专职电工检验接线是否正确，防止零线与相线错接造成事故。长期搁置不用或受潮的工具在使用前，应由电工测量绝缘阻值是否符合要求。

15. 工具自带的软电缆或软线不得接长，当电源与作业场所距离较远时，应采用移动电闸箱解决。工具原有的插头不得随意拆除或更换。当原有插头损坏后，严禁不用插头而直接将电线的金属丝插入插座。

16. Ⅰ类工具为金属外壳，电源部分具有绝缘性能，适用于干燥场所；Ⅱ类工具不仅电源部分具有绝缘性能，同时外壳也是绝缘体，即具有双重绝缘性能，工具铭牌上有"回"字标

记，适用于比较潮湿的作业场所；Ⅲ类工具由安全电压电源供电，适用于特别潮湿的作业场所和在金属容器内作业。

17. 模板拆除前，必须确认混凝土强度已经达到要求，经工地负责人批准，方可进行拆除。拆除模板时应按照规定的顺序进行，并有专人指挥。高处拆除的模板和支撑，不准乱扔。

18. 拆模现场要有专人负责监护，禁止无关人员进入拆模现场。

19.拆除模板时应按顺序分段进行，严禁硬砸或大面积整体剥落和拉倒。

20.拆除模板完工前不得留下松动和悬挂的模板，拆下的模板应及时运送到指定地点集中堆放，防止钉子扎脚。设警戒区，派专人看守。

21.现场道路应加强维护，斜道和脚手板应有防滑设施。

22.木工材料堆放区应按消防要求配备灭火器等消防器材。

23.禁止在工作场所吸烟，以免引起火灾。

三　混凝土工安全操作基本知识

1.搬运袋装水泥时，必须逐层从上往下阶梯式搬运，严禁从下抽拿。存放水泥时，必须压槎码放，并不得码放过高（一般不超过 10 袋为宜）。水泥码放不得靠近墙壁。

2. 使用手推车运料，向搅拌机料斗内倒砂石时，应设挡掩，不得撒把倒料；运送混凝土时，装运混凝土量应低于车厢 5 ~ 10cm。不得抢跑，空车应让重车。及时清扫遗撒落地材料，保持现场环境整洁。

3. 当搅拌机料斗升起时，严禁任何人在料斗下停留或经过，当需要在料斗下检修或者清理斗坑时，应将料斗提升后用双保险钩或保险插销锁住方可进行。

4. 砂浆搅拌机拌料时，严禁踩踏在砂浆机格栅上进行上料操作，在运转中严禁用铁铲等工具伸入机内扒料，以免发生事故。

5. 垂直运输使用井架、龙门架、外用电梯运送混凝土时，车把不得超出吊盘（笼）以外，车轮挡掩，稳起稳落；用塔吊运送混凝土时，小车必须焊有牢固吊环，吊点不得少于4个，并保持车身平衡；使用专用吊斗时吊环应牢固可靠，吊索具应符合起重机械安全规程要求。

6.浇灌混凝土使用的溜槽节间必须连接牢靠，操作部位应设护身栏杆，不得直接站在溜槽槽帮上操作。

7.浇灌高度2m以上的框架梁、柱混凝土应搭设操作平台，不得站在模板或支撑上操作。不得直接在钢筋上踩踏、行走。

8.浇灌拱形结构，应自两边拱脚对称同时进行；浇灌圈梁、雨篷、阳台应设置安全防护设施。

9.使用输送泵输送混凝土时，应由2人以上牵引布料杆。管道接头、安全阀、管架等必须安装牢固，输送前应试送，检修时必须卸压。布料机在使用前后必须拉缆风绳并固定牢固，防止倾倒。

布料机在使用前后必须拉缆风绳并固定牢固，防止倾倒。

10. 预应力灌浆应严格按照规定压力进行，输浆管道应畅通，阀门接头应严密牢固。

11. 混凝土振捣器使用前必须经电工检验确认合格后方可使用。开关箱内必须装设漏电保护器，插座、插头应完好无损，电源线不得破皮漏电；操作者必须穿绝缘鞋（胶鞋），戴绝缘手套，佩戴护目镜。电缆线禁止使用钢筋架设或者拖地。

12. 覆盖物养护混凝土时，预留孔洞必须按规定设牢固盖板或围栏，并设安全标志。

13. 使用电热法养护应设警示牌、围栏，无关人员不得进入养护区域。

14. 用软管浇水养护时，应将水管接头连接牢固，移动软管不得猛拽，不得倒行拉移软管。

混凝土在浇筑过程中出现振捣棒漏电时，必须先将电源关闭，及时检修，或更换振捣棒。

15. 蒸汽养护、操作和冬施测温人员，不得在混凝土养护坑（池）边沿站立和行走。应注意脚下孔洞与磕绊物等。

16. 覆盖物养护材料使用完毕后，必须及时清理并存放到指定地点，码放整齐。

（四）砌筑抹灰工安全操作基本知识

1. 瓦工在进入操作岗位时，要正确佩戴劳动防护用品，穿戴整齐，并注意操作环境是否符合安全要求。

2. 墙身砌体高度超过胸部（1.2m）以上时，不得继续砌筑，应及时搭设脚手架。一层以上或高度超过4m时，采用里脚手架必须支搭一道固定的安全网，同时设一道随层高度提升的安全网，其离作业层高度不超过4m；采用外脚手架时，还应设防护栏杆和挡脚板。外脚手架立杆禁止使用砖垫高，使用的脚手架验收合格后方能使用。

3. 脚手架上堆料量不得超过规定荷载（每平方米均布荷载不超过 270kg，集中荷载不超过 150kg），堆砖高度不得超过单行侧摆三层。

4. 使用外脚手架操作时，外脚手架应不低于操作面，并内设操作平台。不得站在无绑扎的探头板上操作。

5. 上下脚手架应走斜道，严禁站在墙顶上进行砌筑、划线（勾缝）、清扫墙面、抹面和检查大角垂直等工作。不准在砖墙上行走。

6. 在同一竖直面上下交叉作业时，必须设置安全隔板，下方操作人员必须严格按规定戴好安全帽。

7. 砌筑使用的工具应放在稳妥的地方。砍砖应面向墙面，把砖砍在脚手架上。

8. 垂直运输的吊笼、滑车、绳索、刹车等，必须满足负荷要求，吊运时不得超载，并应经常检查，发现问题，及时修理或更换。

9. 从砖垛上取砖时，应先取高处后取低处，防止垛倒砸人。砖石运输车辆前后距离，在平道上不小于 2m，坡道上不小于 10m。

10. 在地坑、地沟作业时，要严防塌方和注意地下管线、电缆等。在屋面坡度大于 25° 时，挂瓦必须使用移动板梯，板梯必须有牢固的挂钩。没有外脚手架时檐口应搭防护栏杆和防护立网。

11. 在进行高处作业时，要防止碰触裸露电线，对高压电线应注意保持安全距离。

12. 屋面上瓦应两坡同时进行，保持屋面受力均衡，瓦要放稳。屋面无望板时，应铺设通道，不准在桁条、瓦条上行走。

13. 在石棉瓦等不能承重的轻型屋面上工作时，应搭设临时走道板，架设和移动走道板时必须特别注意安全，并应在屋架

下弦搭设安全网，不得直接站在石棉瓦上操作和行走。

14. 在深度超过1.5m的沟槽、基坑内作业时，必须检查槽壁有无裂缝、水浸或坍塌的危险隐患，确定无危险后方可作业。

15. 用锤打石时，应先检查锤头有无破裂，锤柄是否牢固。

16. 砌基础时，应注意检查基坑土质变化，砖 (砌) 块材料堆放应离坑边 1m 以上；深基坑有挡板支撑时，应设上下爬梯，操作人员不得踩踏砌体和支撑；作业运料时，不得碰撞支撑。

17. 不准用不稳固的工具或物体在脚手板上垫高作业，更不准未经加圈，就在一层脚手架上随意再叠加一层。

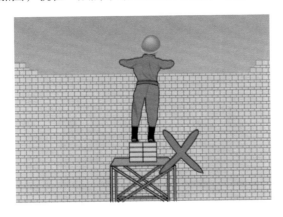

18.已经就位的砌块，必须立即进行竖缝灌浆；对稳定性较差的窗间墙独立柱和挑出墙面较多的部位，应加临时支撑，以保证其稳定性。

19.作业结束后，应将脚手板上和砌体上的碎块、灰浆清扫干净，作业环境中的碎料、落地灰、杂物、工具集中清运。清扫时注意防止碎块掉落，同时做好已砌好砌体的防雨措施。

20.下次作业前，必须检查作业环境是否符合安全要求，道路是否畅通，施工机具是否完好，脚手架及安全设施、防护用品是否齐全，检查合格后，方可作业。

21.用起重机吊砖要用砖笼；吊砂浆的料斗不能装得过满。吊臂回转范围内不得有人停留，吊件落到脚手架上时，砌筑人员要暂停操作，并避到一边。

五 电工安全操作基本知识

1. 电工必须参加行业部门组织的专业知识培训，经考核合格后获得"省住建厅"颁发的特种作业操作资格证书，方可上岗作业。

2. 施工现场电源线的始端、中间、末端必须重复接地，设备比较集中的部位或高大设备处要做重复接地。不得私拉乱接电源线，应由专职电工安全操作；现场严禁使用插线板和线轴盘。

3. 有人触电，立即切断电源，进行急救。电气着火，立即将有关电源切断，并使用干粉灭火器或干砂灭火。

4.线路上禁止带负荷接电，并禁止带电操作。

5.电缆线路应采用埋地或架空敷设，严禁沿地面明设。垂直接地体宜采用角钢、钢管或圆钢，不得采用螺纹钢。

6.配电箱周围应有足够两人同时工作的空间和通道，并有围栏及防雨措施，配电箱周围不得堆放任何杂物。固定式配电箱与地面的垂直距离应为 1.4 ～ 1.6m。

7.配电柜或配电线

● 禁止合闸

路停电维修时应挂接地线，并悬挂"有人工作、禁止合闸"停电标志牌。停送电有专人负责。

8. 变配电室内、外高压部分及线路，停电工作时：

（1）切断所有电源，操作手柄应上锁或挂标示牌。

（2）验电时应戴绝缘手套，按电压等级使用验电器，在设备两侧各相或线路各相分别验电。

（3）验明设备或线路确认无电后，即将检修设备或线路做短路接地。

（4）装设接地线，应由两人进行，先接接地端，后接导体端，拆除时顺序相反。拆、接时均应穿戴绝缘防护用品。

（5）接地线应使用截面积不小于 $25mm^2$ 的多股软裸铜线和专用线夹。严禁用缠绕的方法进行接地和短路。

（6）设备或线路检修完毕，应全面检查无误后方可拆除临时短路接地线。

9. 用绝缘棒或传动机械拉、合高压开关，应戴绝缘手套。雨天室外操作时，除穿戴绝缘防护用品以外，绝缘棒应有防雨罩，并有人监护。严禁带负荷拉、合开关。

10. 电气设备的金属外壳，必须接地或接零。同一设备可做接地和接零。同一供电网不允许有的接地，有的接零。

11. 电气设备所用保险丝（片）的额定电流应与其负荷容量相适应。禁止用其他金属线代替保险丝（片）。

配电箱锁好了，才能走人！

12. 施工现场夜间临时照明电线及灯具，高度应不低于 2.5m。易燃、易爆场所，应用防爆灯具。

13. 照明开关、灯口及插座等，应正确接入火线及零线。

14. 作业结束后必须切断电源，锁好配电箱门方可离开。配电箱应由专人管理，电工每日巡查临电使用情况并填写巡检记录。

（六）电焊工安全操作基本知识

1. 电焊工必须参加行业部门组织的专业知识培训，经考核合格后获得"省住建厅"颁发的特种作业操作资格证书，方可上岗作业。

2. 焊工作业前必须穿绝缘鞋，戴绝缘手套，使用护目面罩。电焊机和开关箱应做防雨措施。焊接作业结束后应切断电源，

并检查操作地点，确认无火灾危险后方可离开。

3. 电焊机外壳，必须接零接地良好，其电源的拆装应由电工进行。现场使用的电焊机应设有可防雨、防潮、防晒的机棚，并备有消防器材。

4. 电焊机必须设置单独的电源开关，开关应放在防雨的闸箱内，拉合时应戴手套侧向操作。焊钳与把线必须绝缘良好，连接牢固，更换焊条时应戴手套，在潮湿地点工作，应站在绝缘胶板或木板上。

电焊机二次线电缆长度不大于30m，二次线接头不得超过2个。

交流弧焊机一次电源线长度不大于3m。

5. 严禁在带压力的容器或管道上施焊，焊接带电设备应切断电源。

6. 焊接储存易燃、易爆、有毒物品的容器或管道时，应将易燃易爆等物品清除干净，或覆盖、隔离，并将所有的孔口打开。

7. 在密闭金属容器内施焊时，容器可靠接地，通风良好，并应有人监护。严禁向容器内输入氧气。

8. 焊接预热工件时，应有石棉布或挡板等隔热措施。

9. 焊线、地线禁止与钢丝绳接触，不得用钢丝绳或机电设备代替零线，所有地线接头应连接牢固。

10. 更换场地移动焊线时，应切断电源，并不得用手持焊线爬梯登高。

11. 消除焊渣时，应戴防护眼镜或面罩，防止铁渣飞溅伤人。

12. 多台焊机一起集中施焊时，焊接平台或焊件必须接零接地，并有隔光板。

13. 二氧化碳气体预热器的外壳应绝缘，端电压不应大于 36V。

14. 施焊场地周围应清除易燃易爆物品，或进行覆盖、隔离。

15. 雷雨时，应停止露天焊接。

16. 施工现场的动火作业，项目部必须严格执行动火审批制度。

17. 必须在易燃易爆气体或液体扩散区施焊时，应经有关部门检查许可后方可施焊。工作结束后，应切断焊机电源，并检查操作地点，确认无起火危险后，方可离开。

18. 气割作业时，氧气瓶、乙炔瓶工作间距不得少于 5m，与明火距离不得少于 10m。作业结束后将气瓶阀门关好并拧上安全罩。

七 架子工安全操作基本知识

1. 架子工属国家规定的特种作业人员，必须参加行业部门组织的专业知识培训，经考试合格后获得"省住建厅"颁发的特种作业操作资格证书，持证上岗。架子工应每年进行一次体检，凡患高血压、心脏病、贫血病、癫痫病以及不适于高处作业的不得从事架子作业。

2. 架子工在搭设、拆除脚手架时必须挂好安全带。

在搭设、拆除脚手架时必须挂好安全带。

3. 架子工班组接受任务后，项目部技术人员必须根据任务的特点，向班组全体人员进行安全技术交底，明确分工。悬挂挑式脚手架、门式、碗扣式和工具式插口脚手架或其他新型脚手架，以及高度在30m以上的落地式脚手架和其他非标准的脚手架，必须具有上级技术部门批准的设计图纸、计算书和安全技术交底书后才可搭设。

4. 搭设脚手架前，架子工班组长要组织全体人员熟悉施工技术和作业要求，确定搭设方法，并应带领架子工对施工环境及所需的工具、安全防护设施等进行检查，消除隐患后方可开始作业。

5. 架子工作业要正确使用个人劳动防护用品。必须戴安全帽，佩戴安全带，衣着要灵便，穿软底防滑鞋，不得穿塑料底鞋、皮鞋、拖鞋和硬底或带钉易滑的鞋。作业时要思想集中，团结协作，互相呼应，统一指挥。不准用抛扔方法上下传递工具、零件等。禁止打闹和开玩笑。休息时应下脚手架，在地面休息。严禁酒后上班。

6. 脚手架要结合工程进度搭设，不宜一次搭得过高。未完成的脚手架，架子工离开作业岗位时（如工间休息或下班时），不得留有未固定构件，必须采取措施消除不安全因素和确保脚手架稳定。

7. 基础完工后、脚手架搭设前必须进行验收，此外在作业层施加荷载前，每搭设 6 ～ 8m 高度后，遇有 6 级以上大风、大雨，冻结地区解冻后以及搭设达到设计高度后的脚手架必须经施工员会同安全员进行验收合格后才能使用。在脚手架使用过程中，要经常进行检查，对长期停用的脚手架恢复使用前必须进行检查，鉴定合格后才能使用。

8. 落地式多立杆外脚手架上均布荷载每平方米不得超过 270kg，堆放标准砖只允许侧摆 3 层；集中荷载每平方米不得超过 150kg。用于装修的脚手架使用荷载每平方米不得超过 200kg。承受手推运输车及负载过重的脚手架及其他类型脚手架，荷载按设计规定。

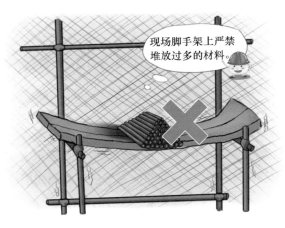

现场脚手架上严禁堆放过多的材料。

9. 高层建筑施工工地井字架、脚手架等高出周围建筑，须防雷击。若在相邻建筑物、构筑物防雷装置的保护范围以外，应安装防雷装置，可将井字架及钢管脚手架一侧高杆接长，使之高出顶端 2m 作为接闪器，并在该高杆下端设置接地线。防雷装置冲击接地电阻值不得大于 4Ω。

10. 架子的铺设宽度不得小于 1.2m。脚手板须满铺，离墙面不得大于 20cm，不得有空隙和探头板。脚手板搭接时，搭接长度不得小于 20cm；对头接时，应架设双排小横杆，间距不大于 20cm。在脚手

架拐弯处脚手板应交叉搭接。垫平脚手板应用木块，并且要钉牢，不得用砖垫。

11. 上料斜道的铺设宽度不得小于 1.5m，坡度不得大于 1 : 3，防滑条的间距不得大于 30cm。

12. 脚手架的外侧、斜道和平台，要绑 1m 高的防护栏杆和钉 18cm 高的挡脚板。

13. 砌墙高度超过 4m 时，必须在墙外搭设能承受 160kg 重的安全网或防护挡板。多层建筑应在二层和每隔四层设一道固定的安全网。同时再设一道随施工高度提升的安全网。

14. 脚手架上作业人员应走专用通道，禁止攀爬脚手架杆件。严禁私自拆除连墙件、扣件、安全网和脚手板。

15. 在高处、深坑绑扎钢筋时必须搭设脚手架或作业平台，作业人员在操作平台行走或作业时要注意探头板。不得用木方替代脚手板。

16. 拆除脚手架，周围应设围栏或警戒标志，并设专人看管，禁止无关人员入内。拆除应按顺序由上而下，一步一清，不准上下同时作业。

17.五级以上大风等恶劣天气条件下，严禁搭设、拆除脚手架。

18.拆除脚手架大横杆、剪刀撑，应先拆中间扣，再拆两头扣，由中间操作人往下顺杆子。

19.拆下的脚手杆、脚手板、钢管、扣件、钢丝绳等材料，应向下传递或用绳吊下，禁止往下投扔。

（八）**普通工安全操作基本知识** ✩✩✩

1.挖掘土方，两人操作间距保持 2 ~ 3m，并由上而下逐层挖掘，禁止采用挖空地脚或掏洞挖掘的操作方法。

2. 开挖沟槽、基坑等，应根据土质和挖掘深度放坡，必要时设置固壁支撑。挖出的泥土应堆放在沟边 1m 外，并且高度不得超过 1.5m。

3. 在挖土机回转半径内，不能随意穿行。

在挖土机回转半径内，不能随意穿行。

4. 吊运土方或其他物料时，其绳索、滑轮、吊钩、吊篮等应完好牢固，起吊时垂直下方不得有人。

5. 拆除固壁支撑应自下而上进行，填好一层，再拆一层，不得一次拆完。

6. 用手推车装运物料时，应注意平稳，掌握重心，不得猛跑和撒把溜放。前后车距在平地不得少于 2m，下坡不得少于 10m。

7. 从砖垛上取砖应由上而下阶梯式拿取，禁止一码拆到底或在下面掏取。整砖和半砖应分开传送。

8. 脚手架上放砖的高度不准超过三层侧砖。

9. 车辆未停稳，禁止上下人员和装卸物料，所装物料要垫好绑牢。打开车厢板时，人员应站在侧面。

10. 搬运石料要拿稳放牢，绳索工具要牢固；两人抬运，应互相配合，动作一致；用车子或筐运送，不要装得太满，防止滚落伤人。

11. 往坑槽运石料，应用溜槽或吊运，下方不准有人。

12. 在脚手架上砌石，不得使用大锤，修整石块时要戴防护眼镜，不准两人对面操作。

13. 工作完毕，应将工作面、脚手板等处清扫干净。

第 三 部分

建筑工人常用安全标志

一 禁止标志

（用红色表示，禁止人们的不安全行为）

警告标志

（用黄色表示，提醒人们对周围环境引起注意，以避免可能发生的危险）

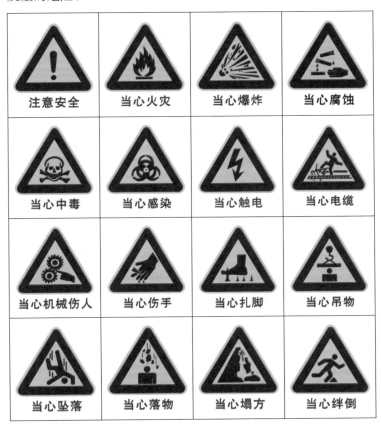

注意安全	当心火灾	当心爆炸	当心腐蚀
当心中毒	当心感染	当心触电	当心电缆
当心机械伤人	当心伤手	当心扎脚	当心吊物
当心坠落	当心落物	当心塌方	当心绊倒

三 指令标志

（用蓝色表示，强制人们必须做出某种动作或采取防范措施）

必须戴安全帽	必须戴防护眼镜	必须戴防尘口罩	必须戴防护手套
必须穿防护鞋	必须系安全带	必须穿防护服	必须用防护屏
必须用防护装置	必须加锁	必须戴护耳器	必须穿戴绝缘保护用品
行人走道	必须戴防毒面具	必须桥上通过	必须携带矿灯

四　提示标志

（用绿色表示，向人们提供某种信息，如标明安全设施或场所等）

第四部分

安全生产法律法规节选

一 中华人民共和国建筑法（摘录）

《中华人民共和国建筑法》经 1997 年 11 月 1 日第八届全国人民代表大会常务委员会第二十八次会议通过;《中华人民共和国建筑法》分总则、建筑许可、建筑工程发包与承包、建筑工程监理、建筑安全生产管理、建筑工程质量管理、法律责任、附则 8 章 85 条，自 1998 年 3 月 1 日起施行。

《全国人民代表大会常务委员会关于修改〈中华人民共和国建筑法〉的决定》已由中华人民共和国第十一届全国人民代表大会常务委员会第二十次会议于 2011 年 4 月 22 日通过，现予公布，自 2011 年 7 月 1 日起施行。

第三条 建筑活动应当确保建筑工程质量和安全，符合国家的建筑工程安全标准。

第三十六条 建筑工程安全生产管理必须坚持安全第一、预防为主的方针，建立健全安全生产的责任制度和群防群治制度。

第四十六条 建筑施工企业应当建立健全劳动安全生产教育培训制度，加强对职工安全生产的教育培训；未经安全生产教育培训的人员，不得上岗作业。

第四十七条 建筑施工企业和作业人员在施工过程中，应当遵守有关安全生产的法律、法规和建筑行业安全规章、规程，不得违章指挥或者违章作业。作业人员有权对影响人身健康的作业程序和作业条件提出改进意见，有权获得安全生产所需的防护用品。作业人员对危及生命安全和人身健康的行为有权提出批评、检举和控告。

二 中华人民共和国安全生产法（摘录）

《中华人民共和国安全生产法》是为了加强安全生产工作，防止和减少生产安全事故，保障人民群众生命和财产安全，促进经济社会持续健康发展而制定的。

该法由中华人民共和国第九届全国人民代表大会常务委员会第二十八次会议于 2002 年 6 月 29 日通过公布，自 2002 年 11 月 1 日起施行。根据 2009 年 8 月 27 日第十一届全国人民代表大会常务委员会第十次会议《关于修改部分法律的决定》第一次修正。根据 2014 年 8 月 31 日第十二届全国人民代表大会常务委员会第十次会议《关于修改〈中华人民共和国安全生产法〉的决定》第二次修正，自 2014 年 12 月 1 日起施行。

第三条　安全生产工作应当以人为本，坚持安全发展，坚持安全第一、预防为主、综合治理的方针，强化和落实生产经营单位的主体责任，建立生产经营单位负责、职工参与、政府监管、行业自律和社会监督的机制。

第六条　生产经营单位的从业人员有依法获得安全生产保障的权利，并应当依法履行安全生产方面的义务。

第二十五条　生产经营单位应当对从业人员进行安全生产教育和培训，保证从业人员具备必要的安全生产知识，熟悉有关的安全生产规章制度和安全操作规程，掌握本岗位的安全操作技能，了解事故应急处理措施，知悉自身在安全生产方面的权利和义务。未经安全生产教育和培训合格的从业人员，不得上岗作业。

生产经营单位使用被派遣劳动者的，应当将被派遣劳动者纳入本单位从业人员统一管理，对被派遣劳动者进行岗位安全操作规程和安全操作技能的教育和培训。劳务派遣单位应当对被派遣劳动者进行必要的安全生产教育和培训。

生产经营单位接收中等职业学校、高等学校学生实习的，应当对实习学生进行相应的安全生产教育和培训，提供必要的劳动防护用品。学校应当协助生产经营单位对实习学生进行安全生产教育和培训。

生产经营单位应当建立安全生产教育和培训档案，如实记录安全生产教育和培训的时间、内容、参加人员以及考核结果等情况。

第三十九条 生产、经营、储存、使用危险物品的车间、商店、仓库不得与员工宿舍在同一座建筑物内，并应当与员工宿舍保持安全距离。

生产经营场所和员工宿舍应当设有符合紧急疏散要求、标志明显、保持畅通的出口。禁止锁闭、封堵生产经营场所或者员工宿舍的出口。

第四十一条 生产经营单位应当教育和督促从业人员严格

执行本单位的安全生产规章制度和安全操作规程；并向从业人员如实告知作业场所和工作岗位存在的危险因素、防范措施以及事故应急措施。

第四十二条　生产经营单位必须为从业人员提供符合国家标准或者行业标准的劳动防护用品，并监督、教育从业人员按照使用规则佩戴、使用。

第四十八条　生产经营单位必须依法参加工伤保险，为从业人员缴纳保险费。

国家鼓励生产经营单位投保安全生产责任保险。

第四十九条　生产经营单位与从业人员订立的劳动合同，应当载明有关保障从业人员劳动安全、防止职业危害的事项，以及依法为从业人员办理工伤保险的事项。

生产经营单位不得以任何形式与从业人员订立协议，免除或者减轻其对从业人员因生产安全事故伤亡依法应承担的责任。

第五十条　生产经营单位的从业人员有权了解其作业场所和工作岗位存在的危险因素、防范措施及事故应急措施，有权对本单位的安全生产工作提出建议。

第五十一条　从业人员有权对本单位安全生产工作中存在的问题提出批评、检举、控告；有权拒绝违章指挥和强令冒险作业。

生产经营单位不得因从业人员对本单位安全生产工作提出

批评、检举、控告或者拒绝违章指挥、强令冒险作业而降低其工资、福利等待遇或者解除与其订立的劳动合同。

第五十二条 从业人员发现直接危及人身安全的紧急情况时，有权停止作业或者在采取可能的应急措施后撤离作业场所。

生产经营单位不得因从业人员在前款紧急情况下停止作业或者采取紧急撤离措施而降低其工资、福利等待遇或者解除与其订立的劳动合同。

第五十三条 因生产安全事故受到损害的从业人员，除依法享有工伤保险外，依照有关民事法律尚有获得赔偿的权利的，有权向本单位提出赔偿要求。

第五十四条 从业人员在作业过程中，应当严格遵守本单位的安全生产规章制度和操作规程，服从管理，正确佩戴和使用劳动防护用品。

第五十五条 从业人员应当接受安全生产教育和培训，掌握本职工作所需的安全生产知识，提高安全生产技能，增强事故预防和应急处理能力。

第五十六条 从业人员发现事故隐患或者其他不安全因素，应当立即向现场安全生产管理人员或者本单位负责人报告；接到报告的人员应当及时予以处理。

第五十八条 生产经营单位使用被派遣劳动者的，被派遣劳动者享有本法规定的从业人员的权利，并应当履行本法规定的从业人员的义务。

第七十一条 任何单位或者个人对事故隐患或者安全生产违法行为，均有权向负有安全生产监督管理职责的部门报告或者举报。

第八十条 生产经营单位发生生产安全事故后，事故现场有关人员应当立即报告本单位负责人。

单位负责人接到事故报告后，应当迅速采取有效措施，组织抢救，防止事故扩大，减少人员伤亡和财产损失，并按照国家有关规定立即如实报告当地负有安全生产监督管理职责的部门，不得隐瞒不报、谎报或者迟报，不得故意破坏事故现场、毁灭有关证据。

第八十五条 任何单位和个人不得阻挠和干涉对事故的依法调查处理。

三 中华人民共和国劳动法（摘录）

《中华人民共和国劳动法》是为了保护劳动者的合法权益，调整劳动关系，建立和维护适应社会主义市场经济的劳动制度，促进经济发展和社会进步，根据宪法制定本法。1994年7月5日第八届全国人民代表大会常务委员会第八次会议通过，1994年7月5日中华人民共和国主席令第二十八号公布，自1995年1月1日起施行。2009年8月27日第十一届全国人民代表大会常务委员会第十次会议通过《全国人民代表大会常务委员会关于修改部分法律的决定》，自公布之日起施行。2018年12月29

日，第十三届全国人民代表大会常务委员会第七次会议通过对《中华人民共和国劳动法》作出修改。

第三条 劳动者享有平等就业和选择职业的权利、取得劳动报酬的权利、休息休假的权利、获得劳动安全卫生保护的权利、接受职业技能培训的权利、享受社会保险和福利的权利、提请劳动争议处理的权利以及法律规定的其他劳动权利。

劳动者应当完成劳动任务，提高职业技能，执行劳动安全卫生规程，遵守劳动纪律和职业道德。

第七条 劳动者有权依法参加和组织工会。

工会代表和维护劳动者的合法权益，依法独立自主地开展活动。

第八条 劳动者依照法律规定，通过职工大会、职工代表大会或者其他形式，参与民主管理或者就保护劳动者合法权益与用人单位进行平等协商。

第十五条 禁止用人单位招用未满十六周岁的未成年人。

文艺、体育和特种工艺单位招用未满十六周岁的未成年人，必须遵守国家有关规定，并保障其接受义务教育的权利。

第十七条 订立和变更劳动合同，应当遵循平等自愿、协商一致的原则，不得违反法律、行政法规的规定。

劳动合同依法订立即具有法律约束力，当事人必须履行劳动合同规定的义务。

第十八条 下列劳动合同无效：

（一）违反法律、行政法规的劳动合同；

（二）采取欺诈、威胁等手段订立的劳动合同。

无效的劳动合同，从订立的时候起，就没有法律约束力。确认劳动合同部分无效的，如果不影响其余部分的效力，其余部分仍然有效。

劳动合同的无效，由劳动争议仲裁委员会或者人民法院确认。

第十九条 劳动合同应当以书面形式订立，并具备以下条款：

（一）劳动合同期限；

（二）工作内容；

（三）劳动保护和劳动条件；

（四）劳动报酬；

（五）劳动纪律；

（六）劳动合同终止的条件；

（七）违反劳动合同的责任。

劳动合同除前款规定的必备条款外，当事人可以协商约定其他内容。

第二十条 劳动合同的期限分为有固定期限、无固定期限和以完成一定的工作为期限。

劳动者在同一用人单位连续工作满十年以上，当事人双方同意延续劳动合同的，如果劳动者提出订立无固定期限的劳动合同，应当订立无固定期限的劳动合同。

第二十一条 劳动合同可以约定试用期。试用期最长不得超过六个月。

第二十五条 劳动者有下列情形之一的，用人单位可以解除劳动合同：

（一）在试用期间被证明不符合录用条件的；

（二）严重违反劳动纪律或者用人单位规章制度的；

（三）严重失职，营私舞弊，对用人单位利益造成重大损害的；

（四）被依法追究刑事责任的。

第二十六条 有下列情形之一的，用人单位可以解除劳动合同，但是应当提前三十日以书面形式通知劳动者本人：

（一）劳动者患病或者非因工负伤，医疗期满后，不能从事原工作也不能从事由用人单位另行安排的工作的；

（二）劳动者不能胜任工作，经过培训或者调整工作岗位，仍不能胜任工作的；

（三）劳动合同订立时所依据的客观情况发生重大变化，致使原劳动合同无法履行，经当事人协商不能就变更劳动合同达成协议的。

第二十七条 用人单位濒临破产进行法定整顿期间或者生产经营状况发生严重困难，确需裁减人员的，应当提前三十日向工会或者全体职工说明情况，听取工会或者职工的意见，经向劳动行政部门报告后，可以裁减人员。

用人单位依据本条规定裁减人员，在六个月内录用人员的，应当优先录用被裁减的人员。

第二十八条 用人单位依据本法第二十四条、第二十六条、第二十七条的规定解除劳动合同的，应当依照国家有关规定给予经济补偿。

第二十九条 劳动者有下列情形之一的，用人单位不得依据本法第二十六条、第二十七条的规定解除劳动合同：

（一）患职业病或者因工负伤并被确认丧失或者部分丧失劳动能力的；

（二）患病或者负伤，在规定的医疗期内的；

（三）女职工在孕期、产期、哺乳期内的；

（四）法律、行政法规规定的其他情形。

第三十二条 有下列情形之一的，劳动者可以随时通知用人单位解除劳动合同：

（一）在试用期内的；

（二）用人单位以暴力、威胁或者非法限制人身自由的手段强迫劳动的；

（三）用人单位未按照劳动合同约定支付劳动报酬或者提供劳动条件的。

第三十六条 国家实行劳动者每日工作时间不超过八小时、平均每周工作时间不超过四十四小时的工时制度。

第五十条 工资应当以货币形式按月支付给劳动者本人。

不得克扣或者无故拖欠劳动者的工资。

第五十四条 用人单位必须为劳动者提供符合国家规定的劳动安全卫生条件和必要的劳动防护用品，对从事有职业危害作业的劳动者应当定期进行健康检查。

第五十五条 从事特种作业的劳动者必须经过专门培训并取得特种作业资格。

第五十六条 劳动者在劳动过程中必须严格遵守安全操作规程。

劳动者对用人单位管理人员违章指挥、强令冒险作业，有权拒绝执行；对危害生命安全和身体健康的行为，有权提出批评、检举和控告。

第七十三条 劳动者在下列情形下，依法享受社会保险待遇：

（一）退休；

（二）患病、负伤；

（三）因工伤残或者患职业病；

（四）失业；

（五）生育。

劳动者死亡后，其遗属依法享受遗属津贴。

劳动者享受社会保险待遇的条件和标准由法律、法规规定。

劳动者享受的社会保险金必须按时足额支付。

第七十九条 劳动争议发生后，当事人可以向本单位劳动争议调解委员会申请调解；调解不成，当事人一方要求仲裁的，可以向劳动争议仲裁委员会申请仲裁。当事人一方也可以直接向劳动争议仲裁委员会申请仲裁。对仲裁裁决不服的，可以向人民法院提起诉讼。

四　建设工程安全生产管理条例（摘录）

《建设工程安全生产管理条例》是根据《中华人民共和国建筑法》、《中华人民共和国安全生产法》制定的国家法规，目的是加强建设工程安全生产监督管理，保障人民群众生命和财产安全。由国务院于 2003 年 11 月 24 日发布，自 2004 年 2 月 1日起施行。

第二十五条　垂直运输机械作业人员、安装拆卸工、爆破作业人员、起重信号工、登高架设作业人员等特种作业人员，必须按照国家有关规定经过专门的安全作业培训，并取得特种作业操作资格证书后，方可上岗作业。

第二十八条　施工单位应当在施工现场入口处、施工起重机械、临时用电设施、脚手架、出入通道口、楼梯口、电梯井口、孔洞口、桥梁口、隧道口、基坑边沿、爆破物及有害危险气体和液体存放处等危险部位，设置明显的安全警示标志。安全警示标志必须符合国家标准。

施工单位应当根据不同施工阶段和周围环境及季节、气候的变化，在施工现场采取相应的安全施工措施。施工现场暂时停止施工的，施工单位应当做好现场防护，所需费用由责任方承担，或者按照合同约定执行。

第二十九条 施工单位应当将施工现场的办公、生活区与作业区分开设置，并保持安全距离；办公、生活区的选址应当符合安全性要求。职工的膳食、饮水、休息场所等应当符合卫生标准。施工单位不得在尚未竣工的建筑物内设置员工集体宿舍。

施工现场临时搭建的建筑物应当符合安全使用要求。施工现场使用的装配式活动房屋应当具有产品合格证。

第三十二条 施工单位应当向作业人员提供安全防护用具和安全防护服装，并书面告知危险岗位的操作规程和违章操作的危害。

作业人员有权对施工现场的作业条件、作业程序和作业方式中存在的安全问题提出批评、检举和控告，有权拒绝违章指挥和强令冒险作业。

在施工中发生危及人身安全的紧急情况时，作业人员有权立即停止作业或者在采取必要的应急措施后撤离危险区域。

第三十三条 作业人员应当遵守安全施工的强制性标准、规章制度和操作规程，正确使用安全防护用具、机械设备等。

第三十六条 施工单位的主要负责人、项目负责人、专职安全生产管理人员应当经建设行政主管部门或者其他有关部门考核合格后方可任职。

施工单位应当对管理人员和作业人员每年至少进行一次安全生产教育培训，其教育培训情况记入个人工作档案。安全生产教育培训考核不合格的人员，不得上岗。

第三十七条　作业人员进入新的岗位或者新的施工现场前，应当接受安全生产教育培训。未经教育培训或者教育培训考核不合格的人员，不得上岗作业。

施工单位在采用新技术、新工艺、新设备、新材料时，应当对作业人员进行相应的安全生产教育培训。

第三十八条　施工单位应当为施工现场从事危险作业的人员办理意外伤害保险。

意外伤害保险费由施工单位支付。实行施工总承包的，由总承包单位支付意外伤害保险费。意外伤害保险期限自建设工程开工之日起至竣工验收合格止。

五　工伤保险条例（摘录）

《工伤保险条例》为了保障因工作遭受事故伤害或者患职业病的职工获得医疗救治和经济补偿，促进工伤预防和职业康复，分散用人单位的工伤风险制定。由国务院于 2003 年 4 月 27 日发布，自 2004 年 1 月 1 日起施行。

第二条　中华人民共和国境内的企业、事业单位、社会团体、民办非企业单位、基金会、律师事务所、会计师事务所等组织和有雇工的个体工商户（以下称用人单位）应当依照本条例规定参加工伤保险，为本单位全部职工或者雇工（以下称职工）缴纳工伤保险费。

中华人民共和国境内的企业、事业单位、社会团体、民办非企业单位、基金会、律师事务所、会计师事务所等组织的职工和个体工商户的雇工，均有依照本条例的规定享受工伤保险待遇的权利。

第十四条　职工有下列情形之一的，应当认定为工伤：

（一）在工作时间和工作场所内，因工作原因受到事故伤害的；

（二）工作时间前后在工作场所内，从事与工作有关的预备性或者收尾性工作受到事故伤害的；

（三）在工作时间和工作场所内，因履行工作职责受到暴力等意外伤害的；

（四）患职业病的；

（五）因工外出期间，由于工作原因受到伤害或者发生事故下落不明的；

（六）在上下班途中，受到非本人主要责任的交通事故或者城市轨道交通、客运轮渡、火车事故伤害的；

（七）法律、行政法规规定应当认定为工伤的其他情形。

第十五条　职工有下列情形之一的，视同工伤：

（一）在工作时间和工作岗位，突发疾病死亡或者在 48 小时之内经抢救无效死亡的；

（二）在抢险救灾等维护国家利益、公共利益活动中受到伤害的；

（三）职工原在军队服役，因战、因公负伤致残，已取得革命伤残军人证，到用人单位后旧伤复发的。

职工有前款第（一）项、第（二）项情形的，按照本条例的有关规定享受工伤保险待遇；职工有前款第（三）项情形的，按照本条例的有关规定享受除一次性伤残补助金以外的工伤保险待遇。

第十六条　职工符合本条例第十四条、第十五条的规定，但是有下列情形之一的，不得认定为工伤或者视同工伤：

（一）故意犯罪的；

（二）醉酒或者吸毒的；

（三）自残或者自杀的。

第十七条　职工发生事故伤害或者按照职业病防治法规定被诊断、鉴定为职业病，所在单位应当自事故伤害发生之日或者被诊断、鉴定为职业病之日起 30 日内，向统筹地区社会保险行政部门提出工伤认定申请。遇有特殊情况，经报社会保险行政部门同意，申请时限可以适当延长。

用人单位未按前款规定提出工伤认定申请的，工伤职工或者其近亲属、工会组织在事故伤害发生之日或者被诊断、鉴定为职业病之日起 1 年内，可以直接向用人单位所在地统筹地区社会保险行政部门提出工伤认定申请。

按照本条第一款规定应当由省级社会保险行政部门进行工伤认定的事项，根据属地原则由用人单位所在地的设区的市级社会保险行政部门办理。

用人单位未在本条第一款规定的时限内提交工伤认定申请，在此期间发生符合本条例规定的工伤待遇等有关费用由该用人单位负担。

第十八条 提出工伤认定申请应当提交下列材料：

（一）工伤认定申请表；

（二）与用人单位存在劳动关系（包括事实劳动关系）的证明材料；

（三）医疗诊断证明或者职业病诊断证明书（或者职业病诊断鉴定书）。

工伤认定申请表应当包括事故发生的时间、地点、原因以及职工伤害程度等基本情况。

工伤认定申请人提供材料不完整的，社会保险行政部门应当一次性书面告知工伤认定申请人需要补正的全部材料。申请人按照书面告知要求补正材料后，社会保险行政部门应当受理。

第十九条 社会保险行政部门受理工伤认定申请后，根据审核需要可以对事故伤害进行调查核实，用人单位、职工、工会组织、医疗机构以及有关部门应当予以协助。职业病诊断和诊断争议的鉴定，依照职业病防治法的有关规定执行。对依法取得职业病诊断证明书或者职业病诊断鉴定书的，社会保险行政部门不再进行调查核实。

职工或者其近亲属认为是工伤，用人单位不认为是工伤的，由用人单位承担举证责任。

第二十条　社会保险行政部门应当自受理工伤认定申请之日起60日内作出工伤认定的决定，并书面通知申请工伤认定的职工或者其近亲属和该职工所在单位。

社会保险行政部门对受理的事实清楚、权利义务明确的工伤认定申请，应当在15日内作出工伤认定的决定。

作出工伤认定决定需要以司法机关或者有关行政主管部门的结论为依据的，在司法机关或者有关行政主管部门尚未作出结论期间，作出工伤认定决定的时限中止。

社会保险行政部门工作人员与工伤认定申请人有利害关系的，应当回避。